Ingeniería asombrosa

Casas de pájaros

Figuras

Logan Avery

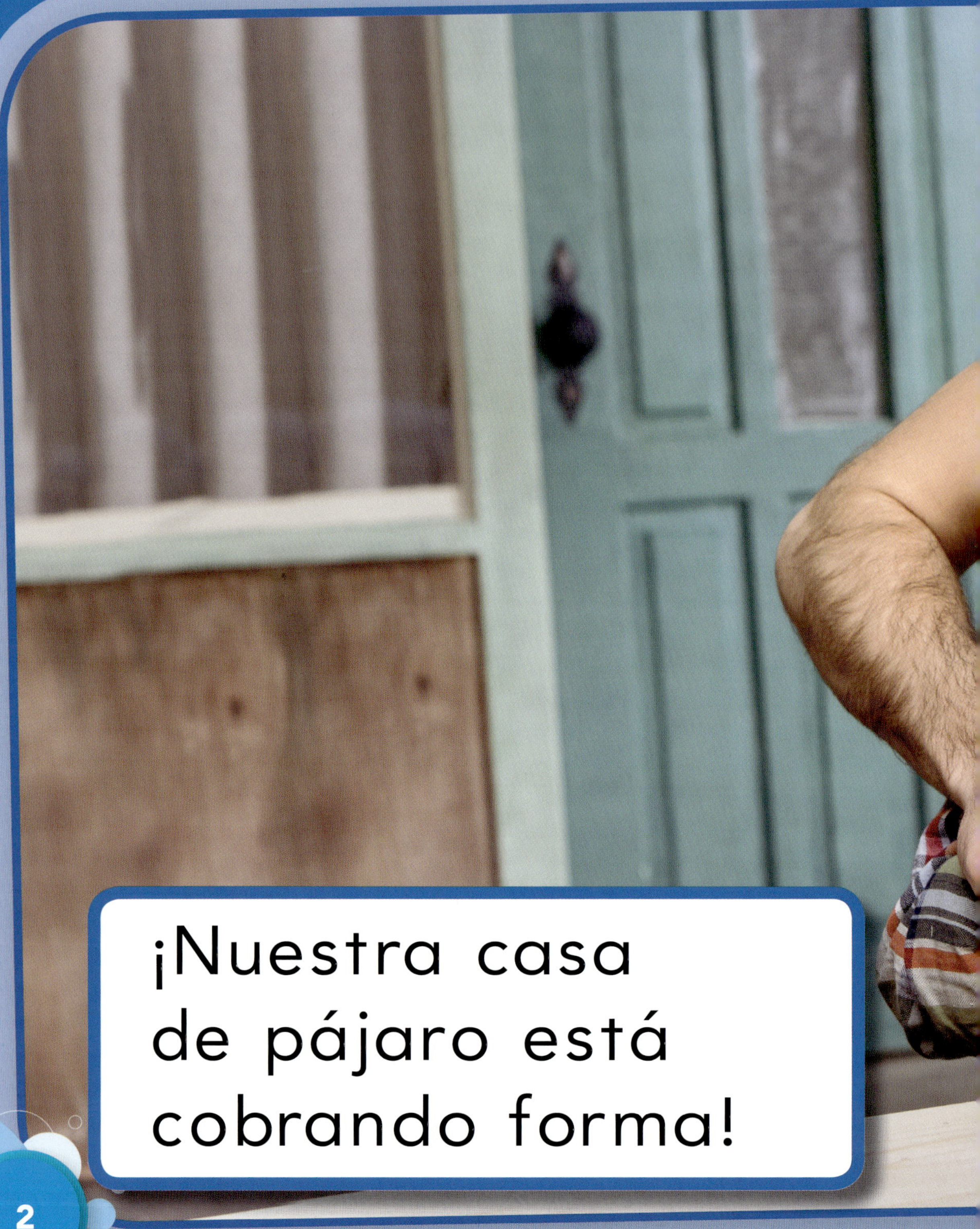

¡Nuestra casa de pájaro está cobrando forma!

Las paredes son rectángulos.

La puerta es un círculo.

El techo es un cuadrado.

Pintamos
hexágonos azules.

Pintamos triángulos amarillos.

¡Nuestra casa de pájaro está en gran forma!

Resolución de problemas

Inés necesita rectángulos grandes para el techo de su casa de pájaro. Solamente tiene triángulos y cuadrados.

¿Cómo puede Inés usar esas figuras para formar rectángulos grandes? Haz dibujos para mostrar dos distintas maneras de resolver el problema.

Soluciones

Los dibujos variarán, pero pueden incluir:

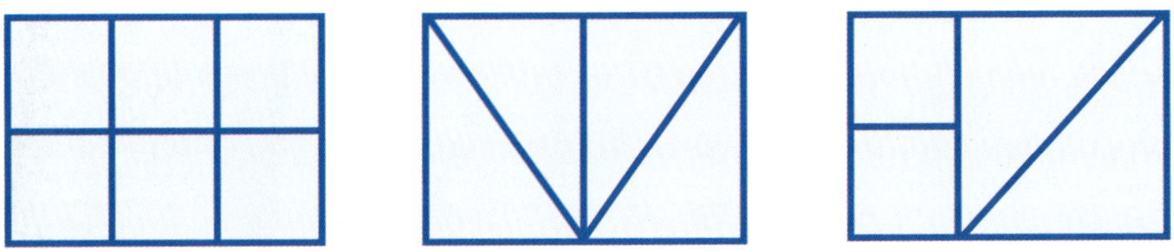

Asesoras

Nicole Belasco, M.Ed.
Maestra de jardín de niños, Distrito Escolar Colonial

Colleen Pollitt, M.A.Ed.
Maestra de apoyo de matemáticas, Escuelas Públicas del Condado de Howard

Créditos de publicación

Rachelle Cracchiolo, M.S.Ed., *Editora comercial*
Conni Medina, M.A.Ed., *Redactora jefa*
Dona Herweck Rice, *Realizadora de la serie*
Emily R. Smith, M.A.Ed., *Realizadora de la serie*
Diana Kenney, M.A.Ed., NBCT, *Directora de contenido*
June Kikuchi, *Directora de contenido*
Véronique Bos, *Directora creativa*
Robin Erickson, *Directora de arte*
Caroline Gasca, M.S.Ed, *Editora superior*
Stacy Monsman, M.A.Ed., *Editora*
Karen Malaska, M.Ed., *Editora*
Michelle Jovin, M.A., *Editora asociada*
Sam Morales, M.A., *Editor asociado*
Fabiola Sepúlveda, *Diseñadora gráfica*
Jill Malcolm, *Diseñadora gráfica básica*

Crééditos de imágenes: Todas las imágenes provienen de iStock y/o Shutterstock.

Library of Congress Cataloging-in-Publication Data

Names: Avery, Logan, author.
Title: Ingenieria asombrosa. Casas de pajaros : figuras / Logan Avery.
Other titles: Engineering marvels. Birdhouses. Spanish | Casas de pajaros
Description: Huntington Beach : Teacher Created Materials, Inc., [2020] | Series: Mathematics readers | Audience: K to grade 3.
Identifiers: LCCN 2018052856 | ISBN 9781425828370 (pbk.)
Subjects: LCSH: Shapes--Juvenile literature. | Birdhouses--Juvenile literature. | Geometry--Juvenile literature.
Classification: LCC QA445.5 .A925418 2020 | DDC 516/.15--dc23 LC record available at https://lccn.loc.gov/2018052856

Teacher Created Materials
5301 Oceanus Drive
Huntington Beach, CA 92649-1030
www.tcmpub.com

ISBN 978-1-4258-2837-0

Printed in China
Nordica.082019.CA21901320